儿童第一套计算思维启蒙绘本

不插电的计算机科学 1

忠诚的1和0

倪伟 著　　马丹红　杨海鑫 绘

18-10010
19-10011
20-10100
21-10101
22-10110
23-10111
24-11000
25-11001
26-11010
27-11011
28-11100

中国科学技术大学出版社

尼可是人类的好朋友，在计算机王国里，他是一位聪明能干的小将军。他统领着众多忠诚的士兵，其中长得高高瘦瘦的，我们叫他们“1高个”；长得胖乎乎、圆溜溜的，我们叫他们“0小胖”。

你们瞧，尼可将军正带领一小队士兵操练呢！

根据将军的安排，士兵们每天都有开、关灯的任务。在天黑的时候，“1高个”们就把各自负责的房间的灯打开；在天亮的时候，“0小胖”们会把各自负责的房间的灯关掉。

小朋友们，假设1表示开灯，0表示关灯，

那么请给剩下需要点亮的灯泡涂上颜色吧！

小朋友们，我们用1来表示灯亮，用0来表示灯灭，1和0可以表示两种截然不同的状态。在计算机王国里，这其实是二进制位的体现。

在生活中，也有很多这样的例子哟！看，龙老师带大家做早操了！我们现在看到的是小朋友和老师们的正面，正面就用1来表示吧！

早操结束后，大家转过身向后面的罗老师迅速靠拢。这时，我们看到的是大家的背面，背面就用0来表示吧！

人有正面和背面，那其他东西呢？
一本精彩的绘本，它的正面和背面，你们找到了吗？

一个闹钟、一个小书包、一张奖状、一张小方凳……很多东西都有正面和背面。

除了表示正面和背面，大自然中事物其他方面的两面性也可以用1和0来表示。例如，事物都有有利的和不利的两面，有利的一面我们可以用1来表示，不利的一面我们可以用0来表示。

风能带来很多好处，用1来表示。

风也能带来坏处，用0来表示。

小朋友们，这样的例子还有很多，大家可以开动脑筋再想想。比如，水能带来什么好处和坏处呢？

再想想，1和0还能表示哪些事物的对立面呢？比如古代的边关，如果白天发现敌情，守关兵卒会立即点燃烽火台上的狼粪从而产生狼烟。狼烟四起意味着有敌情，提醒大家迎战。我们可用1来表示冒着狼烟的烽火台的状态。如果没有敌情，就不用制造狼烟，我们用0来表示。

当然，如果晚上有敌情，那么点燃的就是能穿透黑暗夜幕的烽火。小朋友们，烽火台的烽火已经被点燃了，它们的状态都是1，传递的信息是有敌情。

瞧，远处还有一座烽火台，大家想想这座烽火台的状态应该是1还是0呢？如果是1就赶紧帮忙补上烽火吧！

计算机王国国库里的金元宝失窃了，尼可将军迅速派出了侦察小分队，发誓一定要捉拿盗贼，找回金元宝。

盗贼们将金元宝分成了三部分，分别藏在相邻的五座房子中的三座房子里。小分队不负众望，侦察到这一情况后一边寻求增援，一边赶紧用1和0给房子做了标记。

小朋友们，你们知道金元宝藏在哪三座房子里吗?请把剩下的金元宝找出来并上色吧!

将军的18岁生日到了，生日宴会很热闹。但是，生日蜡烛该怎么插呢？原来，在计算机王国里只有数字1和数字0，标有数字18的蜡烛是没有的，插上18根蜡烛的方式也是不可取的。

哈哈！士兵们用一种魔法规则将“18”转换成了一串1和0（二进制位的表示形式），他们再用红色蜡烛表示1，黄色蜡烛表示0，生日蜡烛的问题被轻松搞定了！

18—10010
19—10011
20—10100
21—10101
22—10110
23—10111
24—11000
25—11001
26—11010
27—11011
28—11100
29—11101
30—11110
31—11111
32—100000
33—100001
34—100010
35—100011
36—100100
37—100101
38—100110
39—100111
40—101000

用魔法规则转换数字后，除了用两种颜色分别表示1和0外，大家还可以再思考新的问题哟！

瞧，爷爷过60岁生日，两个小朋友想到了魔法转换的方法，他们用高、低分别表示1、0的方法为爷爷插好了生日蜡烛，爷爷高兴得直夸妙、妙、妙！

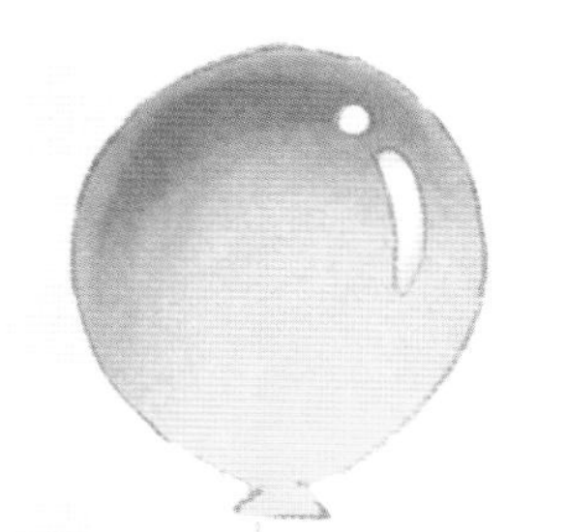

41–101001
42–101010
43–101011
44–101100
45–101101
46–101110
47–101111
48–110000
49–110001
50–110010
51–110011
52–110100
53–110101
54–110110
55–110111
56–111000
57–111001
58–111010
59–111011
60–111100
61–111101
62–111110
63–111111
64–1000000
65–1000001

再来看看一件奇怪的事：尼可将军收到了他的兄弟尼尔将军送的画。但是，这幅画不知道被什么东西破坏了，尼可将军很生气。

士兵们都拍着胸脯说一定帮助将军修复这幅画。小朋友们，你们愿意当将军的小士兵并帮忙修复这幅画吗？请用黑色蜡笔和白色蜡笔分别给1所在方格、0所在方格上色吧！

												1					
					1							1	0	0			
					1									0			
												1	1	1			
							1	1									
				1	1					1			0				
	0	0	0								1		0				
		1	1								1						

8 9
10 11
12 13
14 15

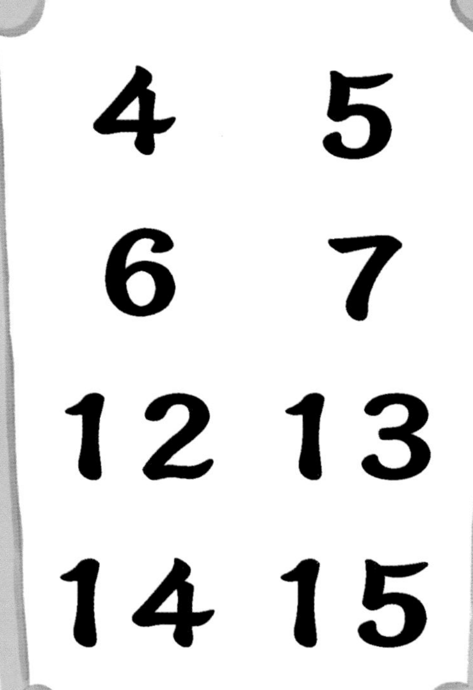

1和0太有趣了！

请小朋友和爸爸妈妈再来玩一个“读心术”的游戏。小朋友从上面的卡片中选一个数，不要说出数值，只需告诉爸爸妈妈这个数出现在哪几张卡片中，爸爸妈妈不看卡片直接猜测这个数。

2 3
6 7
10 11
14 15

猜测攻略

爸爸妈妈提前记住从右往左每张牌领头的是“1”“2”“4”“8”，它们其实是各二进制位对应的十进制数值。小朋友心里面选的数假设为6，会说这个数在第2张和第3张中存在，那么爸爸妈妈只需要把“4”和“2”相加就得到正确答案了。小朋友只需要开心地做游戏即可，具体奥秘可以等小朋友长大一点再揭秘。